AF573556

BALLON
ANERMASTATIQUE
DIRIGEABLE
EN TOLE D'ALUMINIUM

BRÉVETÉ S. G. D. G.

En équilibre à toutes les hauteurs de l'atmosphère, pouvant monter et descendre à volonté, sans lest ni déperdition de gaz, avec hélices, machine à vapeur et charpente en aluminium

PAR M. MICCIOLLO-PICASSE
Ingénieur civil, inventeur

Soumis le 1 décembre 1870 et le 1er février 1871 au Comité scientifique du gouvernement de la Défense nationale

APPRÉCIATION DU COMITÉ.

PRIX :

LE PUY
IMPRIMERIE ET LITHOGRAPHIE M.-P. MARCHESSOU
1871

ERRATA.

Page 9, ligne 21, lisez : *hydrogène* au lieu de hygrogène.

— 9, ligne 30, supprimer : au moyen.

— 36, ligne 14, au lieu de deux, lisez : à *ses* deux.

A MES CONCITOYENS.

Les premiers éléments du travail que j'ai l'honneur de vous soumettre aujourd'hui étaient déjà arrêtés dans mon esprit, quand la ruine et la désolation sont venues s'abattre sur notre malheureux pays.

Je me suis alors hâté de les rassembler et de les coordonner, pour les offrir au gouvernement de la Défense nationale, sous une forme que j'aurai réussi, je crois, à faire entrer dans le domaine de la pratique.

Continuateur de l'idée de M. Henri Giffard, je dois ici rendre un sincère et public hommage à l'œuvre éminente de l'illustre ingénieur et ma plus grande ambition, après celle de pouvoir être utile à mon pays et à la science, serait de voir mon travail apprécié par le courageux aéronaute.

Désespéré de ne pas voir mon projet mis en exécution, je suis parti navré de Bordeaux, et je viens demander maintenant aux personnes sérieuses qui prendront connaissance de mon projet : Le gouvernement de la Défense n'aurait-il pas dû appuyer plus sérieusement ce projet et sacrifier une somme minime, comme on le verra plus loin, pour une œuvre qui pouvait être utile à la défense et qui pouvait peut-être apporter sa grande part à la délivrance de Paris et, par suite, de la France entière?

J'ai la satisfaction de croire que j'ai fait mon devoir en présentant mes moyens au gouvernement, et c'est pour le faire encore que je publie mon œuvre et la soumets à votre jugement.

Je ne terminerai pas ces quelques mots sans faire savoir qu'il est néanmoins des hommes qui savent encourager le travail et l'honorer de leurs remarques judicieuses; le Comité militaire et la Société académique du Puy m'ont écouté avec un vif intérêt et ont fait des vœux unanimes pour la prochaine réussite de mes efforts. Je dois aussi remercier M. Gillet-Paris, ingénieur civil, mon compatriote, de l'intérêt qu'il a pris à mon invention et de son excellente et utile collaboration.

Considérations sur les systèmes qui peuvent amener la solution du problème de la navigation aérienne.

Les systèmes connus jusqu'à ce jour sont au nombre de deux : celui du *plus lourd que l'air* et celui du *plus léger que l'air*.

D'après MM. de Ponton d'Amécourt, de La Landelle, Nadar et Babinet, on pourrait, en imprimant une vitesse suffisante à une hélice de métal, faisant partie d'un corps plus lourd que l'air, élever ce corps et le diriger dans l'atmosphère.

Jusqu'à ce jour, cet aéronef n'a existé qu'à l'état de théorie. Les illustres savants et inventeurs qui l'ont créé et l'ont nommé système du *plus lourd que l'air*, appuient leur opinion sur l'expérience faite avec un petit instrument, que M. Babinet nomme *hélicoptère*, et qui n'est qu'un perfectionnement du jouet d'enfant appelé *spiralifère*. L'hélicoptère consiste en une hélice mue par un mouvement d'horlogerie. L'appareil s'élève dans l'atmosphère, tout en étant plus lourd que l'air.

L'invention de Montgolfier est le point de départ du système du *plus léger que l'air*. C'est la montgolfière, c'est l'aérostat que nous connaissons tous et le seul employé jusqu'à ce jour.

Il repose sur le principe d'Archimède et possède une force ascensionnelle égale à la différence entre son poids total et celui de l'air déplacé.

L'aérostat *anermastatique*, qui fait l'objet de notre invention, participe à la fois des deux systèmes précédents, mais il se rapproche beaucoup plus du *plus léger que l'air*. Comme ce dernier, il flotte en vertu du principe d'Archimède, mais il en diffère en ce qu'il est privé de force ascensionnelle ; il participe du premier système, c'est-à-dire du *plus lourd que l'air*, dans ses mouvements d'ascension et de descente, opérés par l'hélice, sous l'action seule du moteur à vapeur.

Il est statique, c'est-à-dire qu'il est en équilibre dans toutes les couches navigables de l'atmosphère où l'amènent les hélices, et cela en vertu de l'expansion de l'hydrogène, dans l'espace laissé libre à cet effet dans l'intérieur de l'aérostat, expansion en rapport avec la densité des couches atteintes.

Comme le ballon est en équilibre, son travail horizontal est toujours intégralement accompli ; il n'est pas dû à la résultante de l'effort horizontal provenant des hélices et de l'effort vertical dû à la force ascensionnelle ou descensionnelle, comme dans les deux systèmes précédents.

Nous venons assez d'indiquer qu'il manœuvre sans lest, en parlant de sa condition d'équilibre dans toutes les couches navigables où peuvent l'amener les hélices. Ce sont les hélices, en effet, comme dans le cas du *plus lourd que l'air*, qui le font monter ou descendre.

On déduit de même facilement de ce qui vient d'être dit, que l'aérostat anemmastatique manœuvre aussi sans déperdition de gaz.

Description de l'aérostat.

Forme. — Le ballon a la forme d'un solide engendré par un segment de cercle tournant autour de sa corde, dont la longueur est de 44 mètres ; la flèche du segment est égale à 6 mètres.

Volume. — Le volume du ballon est d'environ 2,900 mètres cubes.

Section. — La plus grande section normale au grand axe, celle qui reçoit la résistance au déplacement de l'air calme et l'effort du vent lorsque le ballon marchera vent debout, est de 113 mètres carrés. Le ballon est gonflé à l'hydrogène 14 fois 1,2 plus léger que l'air. Sans entrer dans tous les détails de sa construction, que nous donnerons plus loin, nous avons dit précédemment qu'il était toujours en équilibre dans toutes les couches de l'atmosphère.

Direction. — La direction en marche est maintenue dans le sens du grand axe par une voile triangulaire placée à l'arrière, et mue de la nacelle au moyen de deux cordons.

Le propulseur est l'hélice. — L'outil propulseur

est l'hélice; il y en a deux, placées aux extrémités du grand axe. L'action est donc directe dans le plan méridien vertical du ballon.

Mouvement d'ascension et de descente par l'action unique des hélices. — Les hélices doivent servir à produire le mouvement horizontal du ballon et son mouvement ascendant et descendant, en vertu de l'inclinaison que je donne, à volonté, au grand axe du flotteur.

Machine à vapeur. — Le mouvement est transmis aux hélices par une machine à vapeur en aluminium, construite d'après le principe des machines à grande vitesse de MM. Mollard et Field, système qui permet et a permis, comme on le sait, de diminuer notablement les dimensions de la machine elle-même et, par suite, son poids.

Détails de construction (voir figure 1).

L'aérostat que représente la figure est le volume engendré par le segment de cercle FAF', tournant autour de sa corde FF'. AB représente une barre en aluminium destinée à supporter la nacelle au point B et à servir de point d'appui à toute la charpente intérieure. Le plan méridien vertical FGYAYGF'G'A'F, composé : 1° de quatorze tiges d'aluminium GG' et de AA' destinées à fournir de distance en distance des coussinets X à l'arbre qui porte les hélices et à empêcher le méridien FAF'A' de perdre sa forme; 2° de ce méridien destiné à fournir les deux coussinets extrêmes FF'; 3° des quatre soutiens YZ destinés à maintenir les axes AA' et FF' perpendiculaires entre eux. Ce plan, dis-je, porte et fait corps aux points A et A' avec l'axe AB.

Les petits cercles GG' et le cercle AA', dont AA' et les quatorze GG' sont les diamètres, tous parallèles entre eux et perpendiculaires au plan de la figure, viennent se relier aux points G et G', A et A', au méridien FAF'A'.

Nota. (Ces petits cercles ne portent pas d'autres diamètres que GG', pour mettre totalement l'arbre FF' à l'abri de se fausser.)

Sur ces cercles et dans leur sens est clouée et rivée la tôle d'aluminium qui sert d'enveloppe. Au moyen de cette construction, on écarte totalement l'endosmose et l'on arrive, par conséquent, à une grande économie. On arrive aussi à empêcher d'une manière complète l'inflammation de l'hygrogène, et par cela même à diminuer les chances de danger. Voici comment : nous fermons l'ouverture inférieure du ballon située au point A' (on sait que cette ouverture est nécessaire pour laisser l'expansion se produire et prévenir la rupture de l'enveloppe), au moyen d'une toile métallique très-fine, analogue à celle qui constitue le principe de la lampe de Davy; et, par surcroît de précaution, nous munissons l'ouverture A' au moyen d'une soupape à contre-poids : c'est ainsi que nous avons pu rapprocher sans danger la nacelle du corps du ballon et, par là même, en diminuant la tige AB, augmenter la solidité du flotteur.

L'aérostat est muni de trois soupapes. La soupape de sûreté, située au point W, la soupape A′ et la soupape W′. Quand l'aérostat sera horizontal, la soupape A′ sera seule ouverte ; quand il sera incliné, on fermera la soupape A′ et l'on ouvrira la soupape W′. Le but de cette dernière soupape est d'empêcher dans les diverses manœuvres la déperdition du gaz hydrogène.

G'RV représente une voile triangulaire destinée à servir de gouvernail, faisant corps avec l'aérostat au moyen de la tige GG'R et des supports OR, LS ; cette voile communique avec la nacelle au moyen des cordes VC et VV′.

L'axe AB est articulé très-solidement au point O, de manière à pouvoir faire charnière. La nacelle est encore rendue solidaire de l'aérostat au moyen d'une corde unique disposée de manière que, lorsque G'I devient G'F, G'C devient G'C′.

Je vais maintenant m'occuper du mécanisme.

La nacelle renferme une machine à vapeur qui n'est pas figurée ; cette machine met en mouvement l'arbre IC, lequel porte la roue dentée *aa*, laquelle engrène sur la roue dentée *aa* de l'arbre de transmission DD′. La roue *bb* de DD′ engrène sur la roue dentée *bb* de l'arbre EE′, lequel fait tourner FF′ au moyen d'une courroie sans fin. Alors les hélices tournent et l'on marche horizontalement, dans le cas de l'horizontalité de l'axe.

Pour descendre. — Dans la nacelle, au point I se trouve un treuil; sur ce treuil s'enroule une corde FI, fortement attachée à son extrémité F sur le méridien FAF'A'. Si l'on enroule la corde, l'axe fait charnière, le point I vient au point I', la nacelle semble attirée et prend la position pointillée sur le plan. Mais la nacelle servant de lest au flotteur, l'axe OB' doit forcément occuper la position verticale; la nacelle, qui lui est perpendiculaire, reste donc horizontale et le ballon penche de la grandeur de l'angle BOB' et il descend en diagonale. (L'expérience que nous en avons faite le démontre complètement.)

Pour monter. — Pour monter, on n'a qu'à changer l'excentrique de la machine, les hélices tournent alors en sens contraire et l'aérostat monte.

Dans cette manœuvre, l'arbre DD' n'a pas bougé; il est suspendu au point D et maintenu fixe par son coussinet P au point où il pénètre le ballon. Seulement, il se divise au point Q en deux parties QD et QD'. Quand on veut monter ou descendre, on remplace la partie QD', par la partie QD_1 qui porte l'engrenage *a'a'*, lequel engrène avec une seconde roue *a'a'* que porte l'arbre de couche IC, devenu I'C', et le travail est transmis de nouveau d'une manière régulière.

Graisseurs.

La grande vitesse donnée aux axes EE′ et FF′, situés dans l'intérieur, nécessite un graissage continu des coussinets E, E′, F, F′. Comme il est difficile, sinon impossible, d'entrer dans l'intérieur du ballon, je place les godets à l'extérieur, aux points F, F′ et G. Comme on le verra plus loin, les diamètres GG′ étant des cylindres creux, la graisse mise aux points G descendra dans l'intérieur des cylindres et aux points X sera mise, au moyen d'un petit orifice, en communication avec l'axe FF′. Pour l'axe EE′, la chose se fera de même, comme on peut facilement s'en rendre compte.

Détermination des dimensions des différentes pièces de l'appareil.

Les calculs pour déterminer la résistance nécessaire à chaque pièce, soit pour la flexion, la torsion ou la traction, ont été faits suivant les formules de Walter et de Morin. Ces calculs ont été établis comme si on avait constamment à lutter contre un vent de 250 kilomètres à l'heure.

Poids des différentes parties et matières qui entrent dans l'aérostat

1° { Poids de l'hydrogène............		234^k,000
1° { Poids des hélices.................		30,000
2° Voiles et cordes.....................		60,000
3° Poids de la nacelle et accessoires...		149,000
4° Poids de toutes les tiges et arbres en aluminium, divisé comme suit :		
76^{m}25 de cylindres creux, dont la section a la surface d'un cylindre plein de 0^{m}25 de diamètre, divisés comme suit : IC = 3, EE' = 2,75, DD' + AB = 32, de partie FF' = 38,50, ci.........	388,185	» »
7^{m}50 de cylindres creux, de 0^{m}10 de diamètre, ayant le tiers de surface à la section du cylindre plein de même diamètre, composés de la partie restante de FF' et du support des hélices..	50,436	» »
94^m de cylindres creux, de		
A reporter.......	438,621	493,000

Report...........	438,621	493,000
0^m05 de diamètre, ayant le tiers de la surface à la section du cylindre plein de même diamètre, composés du méridien FAFA' = 90 G'R = 4...............	158,034	» »
184^m de cylindres creux, de 0^m03 de diamètre, ayant le tiers de la surface à la section du cylindre plein de même diamètre, composés des quatre YZ = 46, supports voile = 7 50, cercle AA' = 38, les 44 GG' = 122, 50..............	111,363	» »
385^m de cercle en aluminium à T de 0^m01 de section pleins, dont les 44 GG' sont les diamètres...	77,672	» »
TOTAL.....	785,690 ci.	785,690
5° Enveloppe en tôle d'aluminium, de 1/5 de 0^m001, sa densité étant, dans ce cas, 2 65........................		650,000
6° Machine à vapeur de trente chevaux, construite de façon à fournir à un moment donné la force de soixante, en aluminium.......................		650,000
A reporter.................		2578,690

Report	2578,000
7° Enveloppe intérieure à lest........	23,3[illegible]
8° Charbon..........................	80,000
9° Eau..............................	370,000
10° Tuyau condenseur................	150,000
11° Poids des deux hommes...........	140,000
12° Poids utile.....................	38,000
TOTAL..............	3380,000

Volume du ballon...... 3,000 [illegible]

Volume occupé par l'hydrogène, au départ..... 2,600 [illegible]

Poids de l'air déplacé. 2,600m × 1,30 = . 3380,000

D'où : FORCE ASCENSIONNELLE.... [illegible]

Précautions à prendre pour obvier aux inconvénients qui pourraient être dus à la chaleur et à l'électricité atmosphérique

Le ballon en aluminium est enduit d'une couche de vernis à l'essence de térébenthine, mauvais conducteur de la chaleur et de l'électricité. Les pointes, en outre, de tout l'appareil sont garnies de boules en verre.

Propriétés physiques et chimiques de l'aluminium (d'après MM. Sainte-Claire-Deville et Troost).

L'aluminium étant encore peu connu et jouant dans notre appareil un rôle principal, il est bon d'en exposer succinctement les propriétés.

L'aluminium est un métal d'un blanc légèrement bleuâtre, très-ductile et très-malléable; sa densité est 2,56. Il est donc aussi léger que le verre; il pèse quatre fois moins que l'argent. Sa dureté et sa tenacité sont égales à celles de ce métal. Le poids qui représente sa tenacité, pour rompre un fil de 0m002 de diamètre, est de 85 kilog.; sa température de fusion est de 750°. Il est éminemment conducteur de la chaleur et de l'électricité.

A la température ordinaire, l'aluminium ne s'oxyde pas et les vapeurs sulfureuses ne l'attaquent point. Les acides, sauf l'acide chlorhydrique, ont peu ou pas d'action sur lui. Il supporte parfaitement l'action de la chaleur d'un milieu ne dépassant pas 750°, mais il ne peut supporter l'action directe d'un foyer incandescent.

Applications. — L'aluminium est employé pour tous les usages où l'on a besoin d'une grande légèreté, jointe à une grande tenacité.

Le prix de l'aluminium est, dans le commerce, de 100 francs le kilog. ; mais, en considération de la grande quantité de métal nécessaire, M. Merle, propriétaire d'une usine d'aluminium à Alais, me le laisserait à 90 francs le kilog. et, en cas de non-réussite, le reprendrait à 70 francs.

En supposant 20,000 francs de main-d'œuvre, le prix de revient de l'appareil serait de 240,000 fr. et la perte, en cas de non-réussite, serait de 70,000 fr.

Détermination de la force motrice pour répondre à la donnée maximum demandée par le Comité scientifique de Bordeaux.

CONDITION. — *Résister à l'effort d'un vent doué d'une vitesse de 10m par seconde.*

Enfin, la Commission scientifique m'a demandé la preuve de la possibilité utile de ma découverte en m'imposant, comme condition, celle de résister à un vent doué d'une vitesse de 10m à la seconde.

Il est inutile, à notre avis, et ce serait contraire à la saine raison, d'appuyer sur des données entièrement spéculatives les calculs que l'on m'a demandés, pour assurer et confirmer le but pratique de mon œuvre. Baser l'appréciation de la possibilité de l'invention sur des expériences déjà faites est, selon nous, la seule marche à suivre qui soit rationnelle et plausible ; nous commencerons donc à connaître les données de l'expérience en la matière et nous en tirerons des éléments qui, alors, pourront être introduits dans le calcul.

Résultat de l'expérience faite par M. Giffard en 1852.

M. Giffard a employé, comme il est dit plus loin, une machine de trois chevaux pour faire mouvoir en air à peu près calme une hélice de 3m40 de diamètre, composée de trois palettes, faisant environ cent dix tours par minute, pour une progression horizontale du flotteur qui aurait varié, paraît-il, de 2 à 3 mètres par seconde.

Admettons, pour nous mettre à l'abri de toute accusation d'optimisme, que la vitesse atteinte par le ballon Giffard soit égale à 2^m, vitesse minimum constatée par le célèbre aéronaute ; appelons x la somme des résistances par mètre carré de la section maximum transversale du ballon, vaincues par la machine à vapeur ; rappelons-nous que la surface médiane du ballon perpendiculaire au grand axe est celle qui supporte l'effort de la résistance au déplacement de l'air, effort contenu dans la somme des résistances x, nous pourrons établir l'égalité suivante entre le travail résistant et le travail moteur :

$$Tm = 3 \times 75. \quad Tr = 113 \times 2 \times x, \text{ d'où}$$

$$3 \times 75 = 113 \times 2 \times x. \text{ d'où}$$

$$x = \frac{225}{226} = 1 \text{ kilog. environ.}$$

$x = 1$ kilog., représente donc l'ensemble des résistances par mètre carré de la section transversale du ballon, vaincues par une machine de trois chevaux, pour un déplacement du flotteur de 2 mètres par seconde.

Résistance d'un milieu animé d'une vitesse de 10m par seconde.

D'après ce qu'il vient d'être dit, en admettant l'expérience de Borda, qui a établi que la résistance de l'air par mètre carré et pour une vitesse de 6m50 est égale à 1k24 : observant, en outre, que les résistances sont proportionnelles aux carrés des vitesses, on a la proportion suivante :

$$\frac{1^k}{x'} = \frac{V^2}{V'^2} = \frac{2^2}{10^2} \text{ dans laquelle :}$$

1^k représente la résistance obtenue d'après l'expérience Giffard, pour un vent de 2m à la seconde;

x' représente la résistance dans le cas d'un vent de 10 mètres;

V, la vitesse de 2 mètres par seconde ;

V', celle de 10 mètres,

qui donne $x' = 25$ kilog., valeur de l'effort à vaincre par mètre carré de la plus grande section transversale du ballon, tant de la part des résistances passives du moteur et des pertes d'effet utile dues au fonctionnement de l'hélice, que de celle de la résistance due à un vent doué d'une vitesse de 10 mètres par seconde, résistance qui, d'après l'expérience de Borda et de Pambourg, équivaut à 10 kilog.

$x' = 25$ kilog. ; tel est l'effort qui servira à déterminer la force réelle du moteur ; ce nombre est certainement exagéré, car il comprend les résistances passives et la perte d'effet utile due au travail de l'hélice dans l'air, quantités qui, pour les résistances passives au moins, n'augmentent pas comme le carré des vitesses.

Nous venons de voir que, d'après l'expérience de Borda, la résistance d'un vent de 10 mètres, sur une plaque de 1 mètre carré, équivaut à 10 kilog. ; nous aurons donc, en admettant pour l'effort à vaincre les 25 kilog. trouvés en s'appuyant sur le plus mauvais cas de l'expérience Giffard, 15 kilog. par mètre carré à mettre sur le compte des résistances passives et sur la perte d'effet utile due au travail de l'outil dans l'air.

Force réelle du moteur.

Admettons maintenant un déplacement de 1500 mètres à l'heure, ce qui correspond à une vitesse de 0^m40 environ par seconde, nous aurons pour le travail moteur :

$$Tm = 113 \times 25 \times 0,40 = 1130 \text{ kilogrammètres,}$$
soit : quinze chevaux environ;

telle sera la force réelle du moteur nécessaire pour produire un effet utile de six chevaux. Ce coefficient de réduction 60 0/0, déduit de l'expérience, nous paraît suffisant. Observons, en outre, que, dans nos calculs, nous avons pris pour base une vitesse de 2 mètres, au lieu de 3^m50, qui serait la vitesse moyenne obtenue par M. Giffard; ceci est important à noter.

Néanmoins, on peut se demander quelle est l'action propulsive de l'hélice dans un milieu élastique doué d'une vitesse de 10 mètres par seconde, comparée à son action dans un air calme.

L'effet utile sera-t-il augmenté ou diminué?

Il est inutile, à notre avis, de se lancer dans des calculs dont, à coup sûr, l'expérience ferait ressortir la non-valeur ; nous ne croyons pas, pour notre part, que l'effet de l'hélice soit sensiblement diminué. Un remous doit se faire immédiatement en arrière du plan vertical de l'hélice opposé directement au vent. Dans son trajet, la surface propulsive de l'hélice doit rencontrer un système de molécules sans vitesse et un autre dirigé tangentiellement à la surface hélicoïdale en contact avec le vent, système représentant la perturbation de l'air due à la force centrifuge, perturbation qui existe aussi dans l'air calme, et qui produit ce que, dans la marine, on nomme le recul, effet que l'on est parvenu en partie à atténuer par une forme en cuillère de l'extrémité des palettes. L'hélice doit donc, à notre avis, transmettre au ballon, à peu de chose près, la même fraction du travail moteur dans un milieu en mouvement que dans un milieu calme.

Dimension des hélices. — Diamètre extérieur. — Hauteur du pas. — Nombre de tours par seconde ou par minute.

PRINCIPE. — *Le déplacement de l'air, dû à la surface hélicoïdale mise en mouvement, produit la réaction qui propulse.*

Nous venons de voir précédemment que le travail que doit exécuter le moteur est égal à 4130 kilogrammètres. Admettons que ce travail soit transmis intégralement aux hélices, et appliquant le principe précédent, cherchons quelle devra être, dans ce cas, la surface hélicoïdale, en supposant, en outre, que l'hélice ait 1 mètre de pas et qu'elle fasse dix tours par seconde. Dans ces conditions, l'hélice communique une vitesse de 10 mètres par seconde aux molécules dont la réaction propulse en vertu du principe cité.

Si cette vitesse correspond à une pression par mètre carré de la surface hélicoïdale de [illegible] kilog., on aura donc :

$$1130 \text{ kilog}^{\text{m}} = 10^{\text{k}} \times 10 \times x,$$

d'où x, surface totale à développer en une seconde, $= 11^{\text{m}}\,30$ pour les deux hélices, et 6^{m} pour chacune d'elles.

On trouve qu'une hélice ayant 1 mètre de diamètre extérieur et 1 mètre de pas, faisant dix tours par seconde, correspond largement à la question. Telles sont les dimensions de chacune des hélices :

Diamètre extérieur, 1^{m} ;
Longueur du pas, 1^{m} ;
Tours par minute, 600.

Voici les calculs minimum ; il en résulte qu'on avancerait, avec une machine de quinze chevaux, d'une quantité de 1500 mètres par heure, contre un vent debout de 10 mètres à la seconde.

Moyen employé pour compenser la déperdition de lest, provenant de l'usure de l'eau et du combustible.

Il est bien évident que l'usure du combustible et de l'eau doit produire à la longue une force ascensionnelle très-grande, ce qui peut arriver à gêner beaucoup l'uniformité de la marche. Voici ce que nous faisons pour y remédier. Vous avez vu plus haut que nous laissons 300 mètres cubes dans le ballon sans les remplir d'hydrogène, pour permettre à ce gaz de s'étendre. Dans cet espace, nous plaçons un récipient en taffetas divisé en plusieurs compartiments, se remplissant les uns après les autres; ce récipient est construit de manière à pouvoir occuper progressivement un volume final de 150 mètres cubes ou se dégonfler entièrement. Il communique avec une petite machine à comprimer l'air, située dans la nacelle. Supposons que nous portions la quantité d'air située dans le récipient à une atmosphère, nous doublerons son poids et nous obtiendrons ainsi les 200 kilogrammes de lest nécessaires à remplacer l'usure précitée ; nous pourrons donc, par ce moyen, suivre les différentes pertes de poids, les remplacer, ne pas augmenter la résistance et maintenir constamment notre appareil à l'état de flotteur en équilibre.

Nous contre-balançons ainsi une déperdition de combustible et d'eau égale à 200 kilog., et c'est à partir de ce moment que nous possédons une force ascensionnelle. Si les circonstances le permettent, nous descendrons à 7 ou 8 mètres du sol pour faire de l'eau, et compenser ainsi les 200 kilog. perdus et nous les remplacerons par de l'eau seulement ou par de l'eau et du combustible, s'il nous est donné de pouvoir embarquer ce dernier au point d'atterrissement. Dans le cas où nous serions obligés de retarder un instant la descente, le ballon n'en continuera pas moins sa marche; mais, cette fois, en inclinant son axe pendant un certain temps, puis, le ramenant à la position horizontale et, dans ce cas, encore soumis à l'action de la force ascensionnelle. Cette manœuvre de longues descentes et de longues montées se fera jusqu'à la station qui permettra l'approvisionnement.

Parallèle entre le ballon Giffard et le ballon anermastatique.

Je rappelle tout d'abord à mes lecteurs que je n'ai fait que suivre les traces de M. Henri Giffard, et je me permettrai de dire que, si tous les inventeurs avaient suivi les chemins battus, en triant tout ce qui s'est fait de bon jusqu'à ce jour, nous serions bien plus avancés aujourd'hui dans l'art de la navigation aérienne.

M. Giffard fit partir de l'Hippodrome, en 1852, à Paris, un ballon de même forme et de même capacité que celui dont je me sers, portant pour gouvernail une voile semblable à celle que j'emploie et enlevant une petite machine à vapeur de trois chevaux, placée dans la nacelle, à environ 12 mètres au-dessous du ballon ; cette machine faisant faire cent dix tours par minute à une hélice de 3m40 de diamètre, munie de trois palettes.

L'expérience prouva à M. Giffard que la forme du ballon était excellente pour avancer et que la voile triangulaire donnait des résultats plus que parfaits. Je me suis empressé de conserver le tout.

Comme déplacement horizontal, M. Giffard faisait, en temps calme ou à peu près calme, un parcours de 2 à 3 mètres par seconde ; mais le célèbre aéronaute n'a pas essayé de lutter contre le vent, et nous croyons qu'il existe deux raisons à cela : la première et la principale est que la force de sa machine ne l'aurait pas permis ; la deuxième est que l'hélice, immédiatement mise en mouvement par la machine, se trouvait à environ 12 mètres au-dessous du corps de l'aérostat. C'était donc la nacelle qui entraînait le ballon, contrairement à ce qui doit être, car le ballon représente, on peut dire exclusivement, la résistance. Il arrivait ainsi que le ballon étant refoulé en arrière par le vent, ou même par la résistance au déplacement, et la nacelle attirée en avant par l'hélice, un effet de cisaillement devait se produire et dépenser une quantité notable de la force motrice.

J'ai cherché à arriver à un résultat meilleur en m'attachant à augmenter de beaucoup la force motrice, puis, en plaçant mes hélices sur l'axe même du ballon, c'est-à-dire sur l'axe même de la résistance.

Pour monter et pour descendre, M. Giffard suivait les procédés connus; il jetait du lest ou il laissait échapper du gaz ; je me suis efforcé de trouver un moyen général de montée ou descente au moyen des hélices, sans avoir besoin de jeter du lest et sans laisser échapper même 1 centimètre cube de gaz ; j'y suis arrivé en inclinant le grand axe du ballon porteur des hélices. Je puis monter ou descendre avec une vitesse que je puis augmenter ou diminuer à volonté. Ce résultat inespéré m'a amené à remplacer le taffetas de M. Giffard par la tôle d'aluminium ; de cette façon, je me mets à l'abri de l'endosmose, si préjudiciable aux aérostats fabriqués en taffetas et je diminue, j'élimine même, comme on l'a vu plus haut, les chances de combustion de l'hydrogène.

Force du moteur que nous employons pour vaincre la résistance de l'air.

Le moteur que nous employons est la machine rotative Mollard-Field, dont le dessin se trouve à la fin de cet opuscule (*fig.* 2) Cette machine est, sans contredit, une des plus légères connues jusqu'à ce jour.

D'après des renseignements certains puisés chez M. Fland, ingénieur constructeur à Paris, je puis enlever et j'enlève une machine de trente chevaux essayée à trente-deux atmosphères, ne marchant normalement jamais au-dessous de huit ; cette machine reçoit la vapeur d'une chaudière de soixante chevaux. Pour éviter les accidents qui pourraient se produire par de trop fortes pressions, je ne chauffe qu'à douze atmosphères, et je possède alors une force constante de quarante-cinq chevaux ; toutefois, comme à un moment donné, je puis me trouver aux prises avec un courant d'une violence extrême, il m'est possible de porter la pression momentanément jusqu'à seize atmosphères, sans courir aucun danger, ce qui me donnant soixante chevaux de force, me permet de lutter contre des ouragans de 20 mètres et même d'avancer contre eux et malgré eux d'une quantité constante d'au moins 0m40 à la seconde, si l'on se reporte surtout au coefficient énorme de perte de travail que nous avons adopté pour être toujours au-dessus de la vérité et qui est de 60 0/0, comme on l'a vu.

Condensation de la vapeur pour arriver à la régénération constante de l'eau, à une économie énorme du combustible et à prévenir tout danger pouvant résulter de l'écoulement imprévu de l'hydrogène dans l'air, en surchauffant ce dernier de manière à le forcer à occuper pendant un certain temps un volume constant.

La machine dont nous nous servons usant, par cheval et par heure, environ 30 litres d'eau et de 3 à 4 kilog. de charbon, la dépense serait, par cinq heures et pour soixante chevaux, de 9,000 litres d'eau et 1,200 kilog. de charbon, ce qui correspond à un poids environ trois fois plus grand que le poids total de tout l'appareil ; pour obvier à cette impossibilité matérielle, je condense la vapeur sortant de la chaudière dans un long et large tube s'enroulant extérieurement autour du ballon et venant ensuite plonger dans un réservoir situé dans la nacelle ; la vapeur, après avoir suivi toutes les sinuosités du tube, finit nécessairement par se condenser et tomber à l'état liquide dans le réservoir. Supposons qu'à mesure que cette eau se produit, on la fasse immédiatement et constamment rentrer dans la chaudière, au moyen d'une pompe alimentaire, nous aurons forcément les deux résultats suivants : 1° régénération de l'eau ; 2° économie énorme de combustible par la condensation.

Nota. — On peut aussi employer le régénérateur Siemens et la détente, lesquels permettant de porter à son maximum l'effet utile du travail mécanique de la chaleur, procurent une économie des 5/6 sur le combustible ordinairement dépensé et réalisent de même la régénération de l'eau par le surchauffement de la vapeur.

Le chauffage de l'hydrogène s'obtient facilement, au moyen d'un second tube traversant le ballon intérieurement et venant rejoindre le premier à ses deux extrémités.

Aux points de jonction, le passage de la vapeur dans le tube intérieur est commandé par un robinet qui sert ou à arrêter ou à laisser passer la vapeur, suivant les cas.

D'après ce que l'on vient de voir, l'eau se renouvelant dans la chaudière au fur et à mesure qu'elle est dépensée, il suffira au minimum que la chaudière renferme une quantité d'eau suffisante pour couvrir amplement et constamment sa surface de chauffe. Or, dans la chaudière Field, cette quantité, pour soixante chevaux, est égale, au maximum, à 180 litres et, comme on l'a vu, nous en mettons 370, quantité plus que suffisante pour éviter les bouillonnements. L'eau, lorsqu'elle se condense, a une température voisine de 100° et possède, par conséquent, en ce moment, une chaleur totale par kilog. de 637 unités de chaleur ; pour la porter en vapeur saturée à seize atmosphères, c'est-à-dire à 200°, il faudra donc dépenser par kilog. 30 unités de chaleur, pour arriver aux 667 unités nécessaires pour maintenir de l'eau à seize atmosphères. Il faudra donc, pour cinq heures de marche, avec le maximum de soixante chevaux, et ce résultat correspond à la fois à la théorie et à la pratique, le chiffre de 38,55 kilog. de charbon ; mettons-en encore autant, soit pour perte de chaleur, soit en supposant que l'eau ait une température inférieure à 100°, nous aurons le chiffre relativement énorme de 77k10, vu qu'il s'agit d'une marche de cinq heures, que l'on ferait uniquement avec la force maximum de soixante chevaux.

Comme on l'a vu précédemment, nous emportons 80 kilog. ; cette quantité est donc plus que suffisante.

Détermination du nombre de tours que doivent faire les hélices mises en mouvement par la machine marchant à 60 chevaux, pour arriver à faire une avance de 0m40 par seconde, contre un vent doué d'une vitesse de 20m à la seconde et, en même temps, le nombre de tours que doivent faire les hélices mises en mouvement par la machine ne marchant plus qu'à 48 chevaux, pour arriver à faire la même avance de 0m40, contre un vent doué d'une vitesse de 17m32 à la seconde.

Reportons-nous, pour cela, aux calculs faits plus haut, au titre : *Dimensions des hélices,* et, appliquant la même équation, en supposant les hélices développant toutes les deux ensemble la surface totale de 11m 30 par seconde. Dans le cas du vent de 20 mètres par seconde, l'effort qu'ont à supporter les hélices pour tourner n'est plus de 10 kilog. par mètre carré, mais bien de 40 kilog., en vertu du principe : « Les résistances sont proportionnelles au carré des vitesses », nous avons donc :

$$1130 \times 4 = 4520 = 11,30 \times 40 \times x, \text{ d'où}$$

$$x = 10.$$

x représente donc la vitesse que posséderont les molécules de l'air dont la réaction propulse. Or, comme on l'a vu, le calcul de la dimension des hélices est basé sur l'hypothèse suivante, qui en est le point de départ : « Pour que les molécules de l'air aient une vitesse de 10 mètres à la seconde, il faut que, pendant le même temps, les hélices fassent dix tours » Nous savons encore que cette vitesse est proportionnelle au nombre de tours d'hélices ; il est donc évident que x représente à la fois soit la vitesse des molécules de l'air, dont la réaction propulse, soit le nombre de tours exécutés pendant une seconde par l'hélice. Il est donc évident que les hélices ne feront que six cents tours à la minute, contre un vent de 20 mètres à la seconde, pour rendre le travail transmis par soixante chevaux-vapeur. Ce chiffre est exactement le même que celui que nous avons trouvé précédemment avec quinze chevaux contre un vent de 10 mètres à la seconde, et ce résultat est précis; car, si nous possédons quatre fois plus de force, nous avons quatre fois plus d'effort à vaincre. Les hélices trouvant une résistance quatre fois plus grande pour se mouvoir, doivent employer quatre fois plus de force pour faire le même nombre de tours, dans ce milieu d'une résistance quatre fois plus forte.

En reprenant la même équation et en faisant un calcul analogue, nous trouvons que, pour arriver à faire une avance de 0m40 par seconde, avec quarante-cinq chevaux, contre un vent de 17m32 à la seconde, il faut que les hélices fassent le même nombre de tours que nous avons vu précédemment nécessaires contre les vents de 20m et de 10m à la seconde pour avancer de la même quantité, 0m40, c'est-à-dire six cents tours par minute.

En examinant attentivement ce résultat, on arrive à la loi suivante, qui est destinée à rendre, comme on le verra plus loin, de grands services à la navigation aérienne.

Loi : *Quelle que soit la force dont on dispose et la vitesse du courant contre lequel on a à lutter, si la surface hélicoïdale développée en une seconde est constamment de 11m30, si la section de l'aérostat, qui reçoit la résistance au déplacement ne varie point et est constamment de 113 mètres carrés et si les hélices font six cents tours à la minute, le chemin parcouru par l'aérostat contre n'importe quel courant sera constamment de 0m40 à la seconde.*

Utilité de cette loi pour pouvoir, à tout instant, déterminer la vitesse du courant dans lequel on est plongé et, par contre, savoir, quel que soit l'état de l'atmosphère, le chemin exact que l'on peut parcourir.

Pour cela, je fais faire aux hélices six cents tours à la minute ; d'après la loi précédente, il est évident que j'obtiens par seconde une avance de 0m40. Si, en ce moment, l'anémomètre dont est pourvu l'aérostat marque 3m40, il est évident que le vent qui m'est contraire et contre lequel je marche, a, par seconde, une vitesse de 3m40, — 0m40 = 3m00.

Si alors on se reporte aux tables qu'on verra plus loin, et si l'on s'arrange de manière à faire rendre aux hélices tout le travail fourni par la machine, il est certain que, tant que durera ce vent, on avancera infailliblement de 18,024 ou 57,600 kilomètres dans une heure, suivant que la machine dont on se servira sera de quarante-cinq ou de soixante chevaux.

Table indiquant le nombre de tours que les hélices pourraient faire pour rendre le travail de 45 chevaux, contre tous les vents dont la vitesse est comprise entre 2 et 17^m32 à la seconde et, en même temps, le chemin exact qu'elles feraient parcourir à l'aérostat dans chaque cas, en admettant, comme nous l'avons toujours fait, une perte de 60 0/0 sur l'effet utile, résultat basé à la fois sur la formule du travail et sur la loi précédente.

VITESSE des vents contre lesquels on lutte par seconde.	CHEMIN PARCOURU		NOMBRE de tours faits par les hélices par seconde.
	par seconde.	par heure.	
17^m 32	0^m10000	1110^m00	10 000
17	0 11525	1105 00	10 [illegible]80

VITESSE des vents contre lesquels on lutte par seconde.	CHEMIN PARCOURU par seconde.	CHEMIN PARCOURU par heure.	NOMBRE de tours faits par les hélices par seconde.
16	0m46870	1687m00	11,710
15	0 53333	1922 00	13,333
14	0 61220	2204 00	15,300
13	0 71000	2556 00	17,750
12	0 83380	3002 00	20,830
11	0 99170	3570 00	24,800
10	1 20000	4320 00	30,000
9	1 48148	5333 00	37,040
8	1 87500	6750 00	46,870
7	2 45000	8820 00	61,220
6	3 33333	12024 00	83,333
5	4 80000	17280 00	120,000
4	7 50000	37000 00	187.500
3	13 33333	48024 00	333.333
2	30 00000	108000 00	750.000
1	120 00000	432000 00	3000,000

Table indiquant les résultats obtenus avec la force de 60 chevaux contre les vents d'une vitesse comprise entre 1 et 20 mètres par seconde.

VITESSE des vents contre lesquels on lutte par seconde.	CHEMIN PARCOURU		NOMBRE de tours faits par les hélices par seconde.
	par seconde.	par heure.	
20	0m40000	1440m00	10,00
19	0 44320	1595 52	11,68
18	0 49760	1791 36	12,44
17	0 55360	1992 96	13,84
16	0 62480	2249 28	15,62
15	0 71120	2560 32	17.78
14	0 81600	2937 60	20,40
13	0 95160	3425 76	23,79
12	1 11120	4000 32	27,78
11	1 32200	4759 20	33,05
10	1 60000	5760 00	40,00
9	1 97520	7110 72	49,38
8	2 50000	9000 00	62,50
7	3 26520	11754 72	81,63
6	4 44480	16001 28	111.12
5	6 40000	23040 00	160,00
4	10 00000	36000 00	250,00
3	16 00000	57600 00	400.00
2	40 00000	144000 00	1000,00
1	160 00000	576000 00	4000,00

Par ces tables, nous voyons que le chemin que l'on pourrait parcourir contre les vents de la force de 1 et 2 mètres à la seconde, serait beaucoup plus grand qu'il n'est permis de le faire, attendu que, dans aucun cas, on ne peut faire plus de 80 kilomètres à l'heure contre l'air, sans courir de grands dangers. Il est donc absolument nécessaire de réduire cette vitesse et de la porter, comme limite extrême, à 80 kilomètres à l heure.

Les hélices ne feront plus alors, dans ce cas, que 555 tours, 555 par seconde.

Cherchons à présent à nous rendre compte de la moyenne vraie de marche, dans le cas de quarante-cinq chevaux comme dans celui de soixante.

La moyenne du chemin parcouru dans une heure, en ayant toujours des vents contraires depuis 1^m jusqu'à 17^m32 à la seconde, est, pour quarante-cinq chevaux, de 17^k077^m; mais, pour donner une moyenne de vitesse vraie, il faut rationnellement supposer que nous aurons pour nous autant de vents favorables que de défavorables, lesquels nous feront alors parcourir à l'heure, en plus des 80 kilomètres que nous devons accomplir, lorsque nous n'avons pas à lutter contre des vents contraires plus forts que 2^m à la seconde, la somme de chemin représentée par leur vitesse propre, et cela sans danger pour la respiration, pour qui connait les courants atmosphériques.

Il faut donc, pour avoir la moyenne de vitesse dans les cas favorables, ajouter à 80 kilomètres la moyenne de vitesse des vents entre 0^m et $17^m,32$ à la seconde : soit 31^k176^m, ce qui fait à l'heure 111^k176^m : prenons la moyenne entre 111^k176^m et 17^k077^m, nous aurons alors notre vraie moyenne de marche, qui est de 64^{k}120^{m}. En suivant un raisonnement pareil, on trouve que la vraie moyenne de marche, pour soixante chevaux, est de 66^{k}826^{m}. On voit que, dans l'un et l'autre cas, la moyenne de vitesse que nous possédons est assez élevée pour permettre l'introduction de notre appareil dans le domaine de la pratique et lui permettre de rendre les plus grands services.

Nécessité d'augmenter les dimensions de l'aérostat décrit.

Tout ce que nous avons fait jusqu'ici a eu pour résultat unique, mais décisif, de démontrer d'une manière certaine la réussite de notre œuvre, en nous appuyant à la fois sur la théorie et la pratique ; pour cela, nous avons dû nous servir, comme point de départ, d'un aérostat de même force et de même capacité que celui employé par M. Giffard, afin de déduire, en nous appuyant sur Pambourg et Borda, le travail utile rendu par les hélices et prouver la vérité de notre œuvre en la rendant irréfutable. Mais, au point de vue industriel et commercial, laissant un instant de côté la question scientifique, notre appareil, tel qu'il est, serait d'un volume trop petit et donnerait peu de résultats, il est donc nécessaire, pour le rendre utile, d'augmenter ses dimensions. Prenons un exemple au hasard et supposons que nous doublions, d'un seul coup, les dimensions du ballon; notre appareil aura donc 88m de long, au lieu de 44 et 24 de haut, au lieu de 12 ; son volume sera huit fois plus grand, sa surface quatre fois plus grande et la section AA', qui reçoit la résistance et l'effort à vaincre pour se déplacer, possèdera quatre fois plus de surface ; il faudra donc quatre fois plus de force, par conséquent, une machine quatre fois plus forte et quatre fois plus d'eau et de houille pour arriver à un résultat identique ; toutes les tiges et arbres devenant deux fois plus longs, il sera nécessaire, pour conserver la même solidité, pour avoir entre les coussinets X la même distance et maintenir l'enveloppe tôle dans les mêmes conditions, de doubler les cercles GG' et leurs diamètres, ce qui donnera, en conservant la même surface de section normale des différentes pièces de charpente, un total de 1952 kilog. ; mais, pour obtenir la même solidité que possède le ballon-type, qui a fait le sujet de cet opuscule, nous sommes obligés d'augmenter leur force, c'est-à-dire leur section, dans le rapport de leur longueur et de la rendre quatre fois plus grande ; nous arrivons donc à avoir un total de :

4 × 1952 pour les arbres et charpentes =	7808k,000
Les hélices doivent être quatre fois plus grandes en surface	200,000
Voiles et cordes	150,000
La nacelle huit fois plus grande	1200,000
Tuyau condenseur, d'une surface à sa section normale quatre fois plus grande	
A reporter	9358,000

Report.	9358k,000
et, vu sa grandeur, d'une épaisseur double, c'est-à-dire de 2,5 de 0m001	1200,000
Machine à vapeur quatre fois plus forte.	2600,000
Charbon.	320,000
Eau.	4500,000
Enveloppe intérieure à lest.	400,000
Huit fois plus d'hydrogène.	1872,000
Enveloppe en tôle d'aluminium quatre fois plus grande et, vu sa grande étendue, deux fois plus épaisse = 2,5 de 0,001.	5200,000
Total.	22150k,000
Poids de l'air déplacé 8 × 3,380 = .	27040,000
D'où poids utile à enlever. . . . . = 70 hommes environ.	4890,000

Examinons à présent le prix de l'appareil et les frais généraux d'exploitation. Le prix de l'appareil serait d'environ 1,800,000 francs, dont 1,650,000 francs d'aluminium, constituant un capital qui ne peut se perdre, et ayant toujours une valeur réelle et constante. Les frais généraux sont le charbon, l'hydrogène et les conducteurs de la machine, que nous portons, par an, à 400,000 francs.

Si nous ajoutons aux frais généraux 50,000 francs pour réparations et usure et 150,000 francs de frais d'administration, le passif se composera donc de 400,000 francs, y compris l'intérêt du capital.

Voyons à présent l'actif; supposons que nous prenions pour base le tarif des chemins de fer et pour vitesse notre vitesse moyenne; nous pouvons facilement faire rapporter par jour, par voyageur, 200 francs. Admettons que nous n'ayons que cinquante personnes, ayant chacune 28 kilog. de bagage, le poids sera le même; nous aurons donc, par jour, 200 × 50 = 10.000 francs et, pour trois cent soixante-cinq jours, 10,000 × 365 = 3,650,000 francs.

Il restera donc bénéfice : = 3,650,000^{f} — 400,000^{f} = 3,250,000 francs, attendu que l'installation ne nécessite aucuns frais de terrassements ni d'ouvrages d'art, comme les chemins de fer et autres systèmes de locomotion terrestre connus jusqu'à ce jour. Mettons encore à la charge du passif 1,450,000 francs pour non-valeurs qui peuvent se présenter et temps perdu; reste alors net; 1,800,000 francs de bénéfice, c'est-à-dire que l'on placerait ses capitaux au moins à 100 0/0. Ceci donne un aperçu des avantages immenses qu'on pourrait retirer de l'exploitation de cet appareil.

L'utilité de notre ballon ne se bornerait point encore à faire sur terre des voyages de courte durée, ne dépassant pas cinq heures sans attérir mais encore il servirait à faire de longs voyages et traverser de grandes mers; voici : on a vu précédemment que, pour cinq heures de marche, nous emportons 320 kilog. de charbon; supposons que nous ayons une traversée de 200 lieues à faire sans atterrir; voyons le temps qu'il nous faudra pour arriver, en prenant pour base de notre marche notre moyenne de 54 kil. 126^{m} à l'heure; il nous faudra environ douze heures trente minutes.

NOTA. — (Nous pouvons admettre complètement notre moyenne, sans craindre d'être taxé d'exagération; car, comme on l'a vu plus haut, la facilité que nous possédons de monter et de descendre à volonté, nous permet de chercher les couches qui nous seront favorables et d'en faire notre profit).

Or, par cinq heures, nous brûlons 320 kilog. de charbon; il faudra donc, pour 12h30 $\frac{320 \times 12,50}{5} = 800$ kilogrammes: retranchons de ce poids les 320 kilog. déjà comptés, il faudra donc prendre sur les 4890 kilog. de poids utile le poids de 480 kilo., représentant la différence, soit le poids de cinq hommes environ, bagages compris, et l'aérostat n'emportera plus, dans ce cas, que quarante-cinq personnes.

Malgré la grande quantité de lest fournie par l'usure de 800 kilog. de charbon, le ballon n'acquerra aucune force ascensionnelle; car, dans le cas qui nous occupe, le récipient à lest est calculé, en maintenant toujours les proportions, de manière à condenser 1500 kilog.

La question des longues traversées ne dépendant seulement que du charbon, par suite de la régénération à peu près totale de l'eau, me semble, en ce moment, non-seulement possible, mais même encore complètement résolue.

L'accroissement des proportions de l'aérostat fournirait un dernier avantage important, celui d'emporter des hélices plus grandes que celles que nous avons calculées; car, comme les résistances sont proportionnelles aux surfaces, en donnant aux hélices une surface dix fois plus grande, on leur ferait faire dix fois moins de tours pour arriver au même but; le maximum de tours exécutés dans une seconde ne serait plus que de cinquante-cinq, résultat très-pratique.

Moyen employé pour arriver à avancer d'une manière uniforme, quel que soit l'angle que forme la ligne de direction du courant dans lequel on est plongé avec le grand axe de l'aérostat, moyen qui permet de calculer exactement la moyenne vraie du chemin parcouru pour aller d'un point à un autre, quel que soit l'angle ci-dessus désigné.

Jusqu'à présent nous n'avons envisagé le déplacement de l'aérostat que dans deux cas : le premier, quand il marche poussé par le vent et le second, quand il lutte directement contre ce dernier.

Voyons ce qui se passe, quel que soit l'angle que fait la direction du courant avec le grand axe de l'appareil. Supposons d'abord le cas où le vent est perpendiculaire à la ligne de marche ; dans ce cas, la surface qui reçoit l'effort du vent est la coupe F'A'FA de l'aérostat. Soit *a* ce dernier *(voir fig. 3)*, voulant avancer dans la direction *a*F', de manière à arriver au point F' ; d'après l'hypothèse, il est poussé en même temps par le vent *a*F, perpendiculaire à la direction *a*F'. Soumis aux deux forces *a*F et *a*F' il prend nécessairement la direction de leur résultante *a*R et, au lieu d'arriver au point F', il arrive au point R. Si, d'un autre côté, on marche contre le vent, c'est-à-dire dans la direction *a*K, il est évident qu'on n'arrivera jamais au point F'. En prenant la direction *a*X, calculée telle que *a*F' soit la résultante des forces *a*X et *a*F, il est évident qu'on arrivera au résultat demandé; mais, dans ce cas, pour faire le chemin *a*F', il faut parcourir en réalité le chemin *a*X, lequel, dans certains cas particuliers, suivant l'angle que peut faire la ligne de direction du vent avec le grand axe de l'appareil, peut devenir très-grand et, par contre, impraticable; car, comme on peut le voir, cette question dépendant uniquement de l'angle que fait la ligne de marche *a*X avec la normale *a*K à la direction que l'on veut obtenir, lorsque cet angle tendra vers zéro, *a*F' ne changeant pas, *a*X tendra vers l'infini. Pour obvier à cet inconvénient, voici ce que je fais (*voir la figure coupe* AA' *et la fig.* 4). Je munis le petit axe KK', perpendiculaire au grand axe FF', de deux petites hélices que je fais tourner suivant le même principe que celles de ce dernier. Supposons toujours le cas où le vent est perpendiculaire au grand axe FF', faisons tourner les hélices K et K' dans le sens K'K, d'un nombre de tours suffisant pour arriver à développer un travail au moins égal à celui du vent et à se maintenir en équilibre. La force du vent et celle rendue par les hélices se détruisant, vu qu'elles sont égales et contraires, il ne reste plus, en réalité, des trois forces agissantes, que la force développée par les hélices F et F' et l'aérostat, au lieu de suivre la direction aX, suit la direction véritable, c'est-à-dire le chemin aF'.

Voyons le travail nécessaire pour avancer, par seconde, de 0^m0001 contre le vent de 20 mètres à la seconde ; en n'oubliant pas que, dans le cas actuel, la surface qui reçoit l'effort du vent est la grande section du ballon, c'est-à-dire F'A'FA et que cette surface est de 210 mètres, nous avons l'équation :

$$210 \times 100 \times 0,0001 = 2,1 \text{ kilogrammètres},$$

force inappréciable pour nous ; nous voyons, de plus, en nous reportant aux tables précédentes, que l'avance que les hélices K et K' prendront sur le vent, en une heure, est, pour une vitesse du vent égale à 20 mètres, de 0^m36 et pour 1 et 2 mètres, environ 20 mètres, quantités tellement faibles, relativement au chemin moyen parcouru pendant ce temps-là par l'aérostat dans le sens du grand axe, qu'elles peuvent être négligées et que l'on peut considérer l'aérostat, du côté des hélices K et K', comme en équilibre.

Calculons maintenant la surface développée par ces deux nouvelles hélices pendant une seconde et, par suite, leurs dimensions. En supposant qu'elles exécuten le même nombre de tours que les hélices F et F', nous aurons, dans le cas où elles auraient à lutter contre un vent de 20 mètres à la seconde, l'équation suivante :

$$2,1 = 40 \times 10\ x, \text{ d'où } x = 0,^m005250$$

Si on leur fait faire dix fois moins de tours,

nous voyons que la surface totale des deux hélices sera de 5 décim. carrés 25 cent., d'où, pour une, S = 0m0262 5.

Nous voyons par tout ce qui précède que, pour faire une avance pour ainsi dire nulle, c'est-à-dire pour arriver à se maintenir à peu près en équilibre, on n'aura pas besoin de grands poids ni de grandes forces supplémentaires.

Avec ce nouveau système, nous sommes certains d'arriver à marcher sûrement, tant que nous aurons le vent perpendiculaire ou parallèle à la direction de l'aérostat. Partant de cela, j'utilise cette idée d'une manière générale, quel que soit l'angle que peut faire le vent avec le grand axe de l'aérostat. Supposons toujours *a* l'aérostat, voulant arriver au point F′ et poussé par un vent quelconque dans le sens *a*F′. (*Voir la pg. 5.*)

Pour arriver au point F′, je marche contre le vent jusqu'au point X, où l'angle F′X*a* devient droit (cas où l'on marche contre le vent debout) ; puis, au point X, je prends la direction XF′ (cas que nous venons d'étudier précédemment, où l'on marche ayant le vent perpendiculaire au grand axe) et l'on arrive sûrement au point F′. Si le vent, au lieu d'être contraire, est favorable, c'est-à-dire pousse l'aérostat *a* dans le sens *a*X, on n'a qu'à se laisser entraîner jusqu'en X et, à ce point, prendre la direction XF′, en ayant toujours, comme dans le premier cas, le vent perpendiculaire. Quelle que soit la direction du vent, pour aller de *a* en F′, il faut faire constamment les côtés *a*X et F′X d'un triangle rectangle dont *a*F′

serait l'hypothénuse ; or, comme, le lieu géométrique des points X est la circonférence dont aF' est le diamètre, et que le triangle inscrit qui a le plus grand périmètre est le triangle rectangle isocèle et que, dans ce triangle, les côtés de l'angle droit sont égaux aux côtés du carré inscrit, en prenant la moyenne entre le plus petit et le plus grand chemin parcouru, on aura la moyenne du chemin à parcourir pour aller de a en F'. Or, si nous appelons $aF' = 2R$, notre moyenne sera : $\frac{2R + 2R\sqrt{2}}{2} = R(1 + \sqrt{2})$.

Si nous supposons que aF' exprime la vitesse moyenne par heure, que nous avons citée plus haut, c'est-à-dire 64,126^{m}, ou 66,826^{m}, suivant le cas de quarante-cinq ou de soixante chevaux, nous aurons parcouru un chemin moyen de 77^{k}400^{m}, ou de 80,659^{m} et nous aurons mis, pour aller de a en F', une heure douze minutes ; si, pour aller d'un point à un autre distant de 64,126^{m} ou 66,826^{m}, il nous a fallu une heure douze minutes, nous devons mettre, en moyenne, quelles que soient la direction du vent et sa force, une heure pour aller d'un endroit à un autre séparé à vol d'oiseau par une distance ou de 53^{k}330^{m}, ou de 55^{k}685^{m} et ces derniers chiffres doivent être regardés comme la moyenne exacte de marche dans les différents courants que nous avons étudiés, quel que soit l'angle qu'ils font avec la ligne de direction.

Décision du Comité scientifique de Bordeaux (1871)

« Bordeaux, le 2 février 1871.

« *Extrait des Procès-verbaux des séances de la Commission scientifique.*

« Le projet présenté par M. Micciollo consiste dans l'emploi d'un ballon d'une forme analogue à celle du ballon Giffard; seulement l'appareil est construit en aluminium, au lieu d'étoffe vernie.

« Cette substitution ne semble pas heureuse à la Commission ; le prix de revient serait, en effet, considérablement augmenté, sans qu'il y ait de compensation suffisante.

« Sauf cette réserve, la forme de l'aérostat est bien choisie, la construction semble bonne et l'aérostat ne donnera pas, au point de vue de la direction, des résultats inférieurs à ceux qu'a obtenus Giffard, sans que la Commission puisse promettre que les résultats soient supérieurs.

« *Le Secrétaire*, SIGNÉ : E. FRON. »

Analyse de la décision prise par le Comité scientifique.

1° *Le projet présenté par M. Micciollo consiste dans l'emploi d'un ballon d'une forme analogue à celle du ballon Giffard, seulement l'appareil est construit en aluminium, au lieu d'étoffe vernie.* »

Il semblerait, au dire de ces Messieurs, que je n'aurais rien fait de nouveau et que, sauf l'enveloppe, mon ballon serait exactement le même que celui de M. Giffard. Tout en rendant la plus entière justice au célèbre aéronaute, il me semble qu'il existe de plus grandes différences. Il est vrai que, comme forme de ballon et gouvernail, je m'en suis tenu à ce qu'a fait M. Giffard ; l'expérience en ayant démontré la supériorité, je me suis bien gardé de quitter le sûr pour l'incertain ; mais M. Giffard avait-il bien placé son outil propulseur ? Est-il arrivé à monter et à descendre sans déperdition de gaz ni de lest?

« 2° *Cette substitution ne semble pas heureuse à la Commission : le prix de revient serait sensiblement augmenté, sans qu'il y ait de compensation suffisante.* »

Tout en rendant hommage au bon accueil que la Commission a fait à mon projet, comme le témoignent les conclusions du procès-verbal, je suis bien obligé de prouver que sa réserve, en ce qui concerne les conditions économiques de mon appareil, n'est pas fondée.

Il est vrai que l'enveloppe aluminium coûterait plus que l'enveloppe taffetas ; mais, en revanche, le ballon rempli d'hydrogène le serait pour toujours, sauf quelques légères déperditions inévitables ; vu que, dans les conditions de pression où se trouve le gaz dans l'aérostat, l'endosmose ne peut avoir lieu, tandis qu'on serait forcé de remplir, toutes les trente-six heures au plus, un ballon en taffetas, l'endosmose ne pouvant s'éviter. Or, comme l'hydrogène pur coûte au moins 6 centimes le mètre cube, en faisant une économie sur le gaz seul, par trente-six heures de temps, de 78 francs, ce qui fait, par an, 18,980 francs, j'arrive, au bout de douze ans et demi environ, à avoir dépensé en moins la somme de 240,000 francs, qui représente la valeur du ballon et, par conséquent, à avoir doublé mon capital. Pour me mettre au-dessus de la vérité, en tenant compte de la quantité de gaz qui existe toujours dans l'enveloppe taffetas au bout des trente-six heures et de celle qui peut s'échapper par des fuites qui peuvent se produire dans la tôle, j'ai supposé 78 francs, au lieu de 156 francs, qui est le prix de la quantité totale d'hydrogène dont le ballon sera rempli. Je donne donc 50 0/0 à l'avantage du taffetas, quoique, théoriquement, on pourrait lui accorder beaucoup moins.

L'économie est encore pour l'enveloppe métallique, attendu que, ne s'oxydant jamais, à chance égale, elle durera indéfiniment; tandis que le taffetas, exposé à toutes les intempéries de l'air, finira par se pourrir au bout d'un certain temps et que, ne pouvant plus servir, il devra être remplacé.

La combustion de l'hydrogène étant supprimée complètement, comme il a été dit précédemment, par l'enveloppe métallique, me semble, du reste, une compensation plus que suffisante.

« 3° *Sauf cette réserve, la forme de l'aérostat est bien choisie, la construction semble bonne.* »

Quoique la Commission passe sous silence le mécanisme qui fait marcher, monter ou descendre le flotteur, j'ai lieu de croire qu'il a été compris sous le mot de construction et je n'ai qu'à m'incliner devant l'appréciation favorable du Comité.

« 4° *L'aérostat ne donnera pas, au point de vue* de la direction, *des résultats inférieurs à ceux qu'a obtenus Giffard, sans que la Commission puisse pro-*

mettre que les résultats soient supérieurs. »

Je ne comprends pas, en ce qui touche la direction de l'aérostat, la réserve faite par le Comité. Je ne ferai pas mieux évidemment ni plus mal que M. Giffard, puisque j'ai adopté exclusivement et sans modifications aucunes le système simple et parfait du savant ingénieur. M. Giffard a constaté que son ballon obéissait admirablement à la voile-gouvernail qu'il avait placée à l'arrière. Je suis, pour ma part, persuadé qu'il ne peut en être autrement et j'ai adopté la découverte de M. Giffard avec la persuasion qu'elle répond d'une manière absolue à la solution de la direction de l'aérostat. Le Comité pense-t-il qu'il y a mieux à trouver? C'est ce que semblerait indiquer sa réserve, que je respecte entièrement, mais qui ne saurait évidemment influer en aucune façon, d'une manière funeste, sur notre système de direction qui, comme je le répète, est et a été reconnu parfait

Le Comité entend-il par résultat de direction la facilité plus ou moins grande que possèderait l'aérostat pour se transporter d'un endroit à un autre, dans une direction donnée, quels qu'en soient les obstacles?

Si c'est là l'idée du Comité, il me semble qu'avec une machine de soixante chevaux, je dois avoir plus de chance de réussir à vaincre l'effort des courants, que M Giffard avec une machine de trois chevaux. Je m'en rapporte à l'appréciation du public intelligent et je suis heureux de le laisser juge.

Le Puy, imprimerie Marchessou.

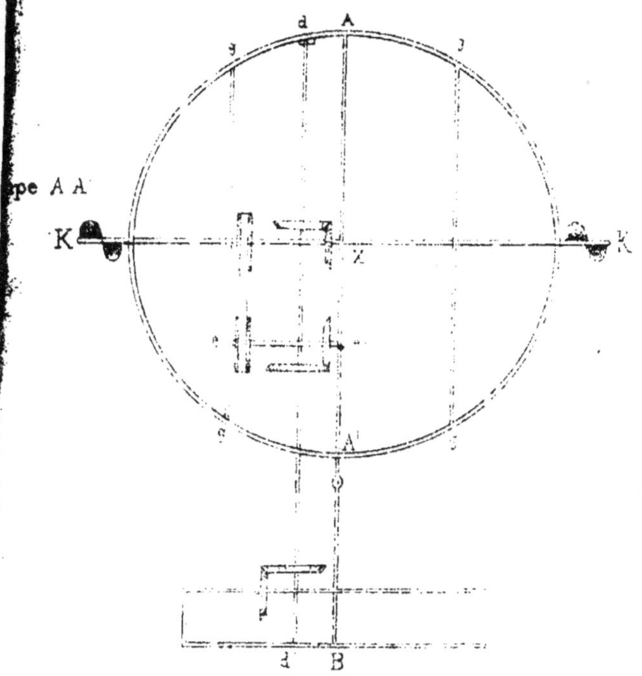

Fig. 5

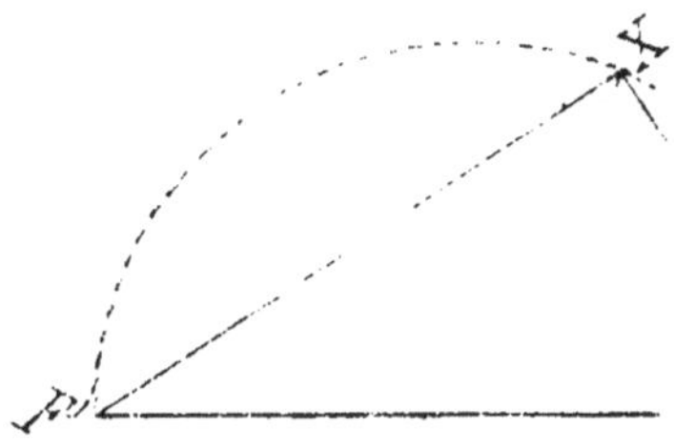

Fig. 2

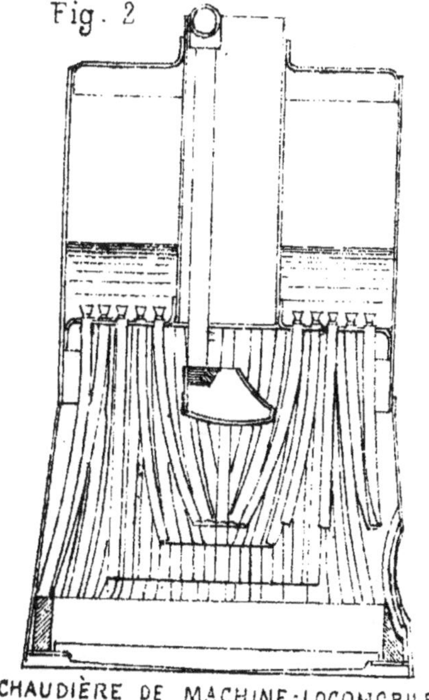

CHAUDIÈRE DE MACHINE-LOCOMOBILE

(SYSTEME FIELD)

Fig. 2

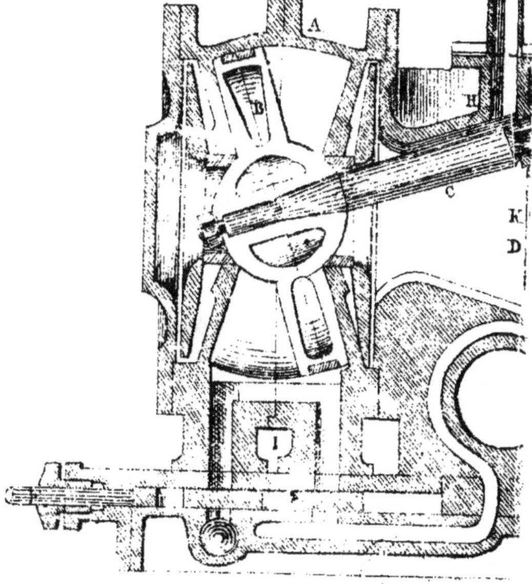

MACHINE MOLLA

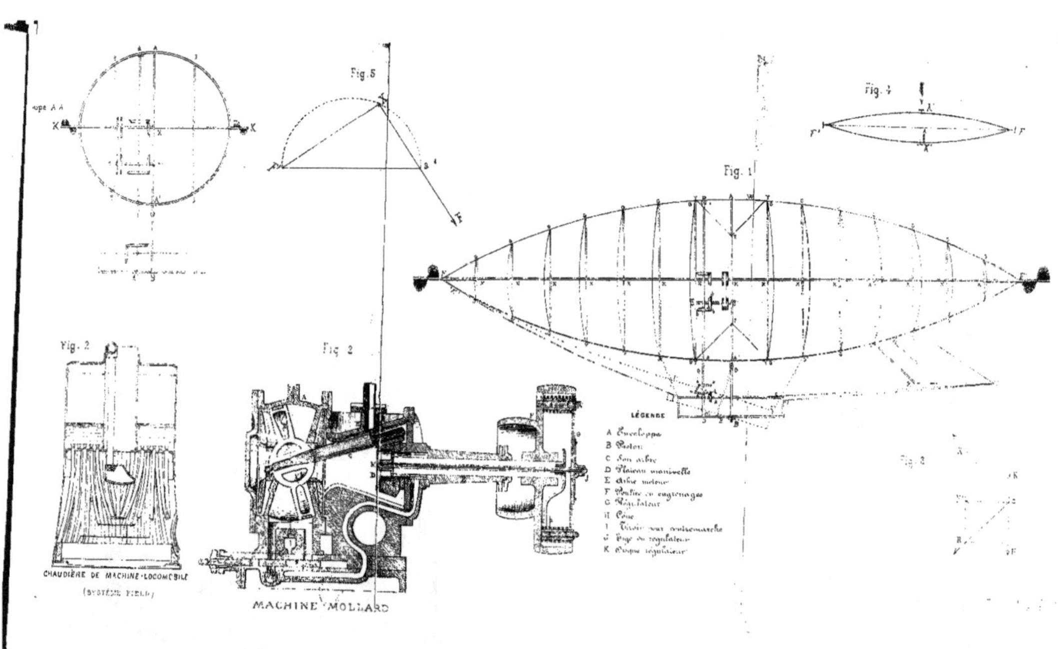

Fig. 5
Fig. 4
Fig. 1
Fig. 2
Fig. 2
LÉGENDE
A Enveloppe
B Piston
C Son arbre
D Plateau manivelle
E Arbre moteur
G Régulateur
CHAUDIÈRE DE MACHINE-LOCOMOBILE
(SYSTÈME FIELD)
MACHINE MOLLARD

www.ingramcontent.com/pod-product-compliance
Lightning Source LLC
LaVergne TN
LVHW050433160826
845677LV00002BA/699

* 9 7 8 2 3 2 9 6 8 7 8 8 9 *